TOUT FAIRE SOI-MÊME

DÉCO

TEXTES, PHOTOS ET MISE EN PAGES
Raphaële Vidaling

Tana
éditions

À DÉCOUVRIR DANS LA MÊME COLLECTION

les petits thématiques (72 pages)

- *Cuisine*
- *Cosmétiques*
- *Produits d'entretien*
- *Remèdes*
- *Goûters et petits déjeuners*
- *Bien-être*
- *Astuces écolo*
- *Zéro budget*
- *Bébé*
- *Plantes d'intérieur*
- *30 minutes max*

les gros livres (244 pages)

- *Tout faire soi-même*
- *Tout faire soi-même « esprit nature »*

l'almanach géant (468 pages)

- *Cette année, je fais tout moi-même*

et l'agenda (192 pages)

- *Agenda 2021 – Cette année, je fais tout moi-même*

Tana S'ENGAGE

TANA est un éditeur qui s'engage pour la préservation de l'environnement et qui utilise du papier issu de forêts bien gérées certifiées FSC® et d'autres sources contrôlées.

Ce livre a été imprimé en France par un imprimeur certifié Imprim'Vert© avec des encres végétales. La couverture ne comprend pas de pelliculage contenant du plastique.

© Tana éditions, un département d'Édi8
92, avenue de France
75013 Paris

ISBN : 979-10-30103-49-6
Dépôt légal : août 2020
Imprimé en France par Pollina en Février 2021 - 97045

Site de l'auteur : raphaelevidaling.fr

Rejoignez-nous sur :
www.tana.fr

MIXTE
Papier issu de sources responsables
FSC® C003309
www.fsc.org

Merci à Bernadette pour le tipi et le hamac.

SOMMAIRE

INTRODUCTION

La décoration est au bricolage ce qu'est la poésie au langage quotidien : à la fois facultative et essentielle. Reflétant l'esprit, les goûts et les rêves de ses occupants, elle est l'âme de la maison. Offrant une lucarne sur leur fantaisie, elle dépasse la fonction utilitaire des meubles et des objets pour atteindre ce petit plus sans lequel la vie n'aurait pas de saveur, cette zone de liberté où s'expriment la singularité de chacun, ses élans de créativité, sa part de folie douce qui fait se mêler les couleurs, les matières et les usages selon une formule qui n'appartient à nul autre.

C'est un terrain de jeux et d'expression, un terrain d'expériences, parfois éphémères et c'est bien aussi, durables si le temps valide cet instant de « pourquoi pas ? » où l'idée a germé. Les plus timides s'entraîneront sur des petits objets ; les téméraires ancreront leurs créations à même le mur, le sol ou le plafond. Une question de dosage : jusqu'où ose-t-on imprimer sa marque ?

Car il s'agit bien de tracer son chemin en dehors des marques, celles que posent les enseignes de décoration sur des objets ou des meubles qui furent un jour de vraies créations de designers, mais qui deviennent, par la loi du commerce, des productions de série.

Ce livre voudrait rendre à chacun le droit (moral) de s'approprier la création à son échelle, en faisant fi des modes, des grands noms, des marques, de l'avis du voisin et de ses propres doutes. Se lancer, c'est tout. Avec des matériaux aussi simples que le papier, le ciment, la cire, le bois ou l'argile. Et souvent à partir du recyclage d'objets au rebut : bouteilles, boîtes de conserve, capsules, vêtements usagés, branches ou planches, vieux draps, tiroirs ou palettes abandonnés sur le trottoir…

Leur donner une seconde vie, c'est opérer dans sa tête un retournement salvateur : la poubelle devient réserve de trésors, le tout-fait cède la place à la joie du fait main, la norme des choses posées à l'endroit vole en éclats pour laisser la place à une multitude de variantes dès lors qu'on les met à l'envers… Le monde devient ainsi plus riche, et soi-même plus puissant, capable de transmuter, d'inventer, d'associer, et finalement de faire naître du tout neuf tout beau qui rafraîchit le regard et l'esprit par sa proposition insolite.

On entend beaucoup parler du « pouvoir d'achat », qui est sur toutes les lèvres revendicatrices. C'est bien normal qu'il motive les luttes sociales au nom de la réduction des injustices. Mais on peut aussi le compléter par le « pouvoir de faire », qui nécessite un déclic de confiance en soi et qui conduit à moins acheter…

Tout faire soi-même – le nom de cette collection –, c'est faire surtout un pas vers la satisfaction de se sentir libre, autonome et créatif•ve. Quel meilleur terrain d'entraînement en la matière que la déco de son « intérieur » ?

OBJETS DÉCORATIFS

Comment fabriquer des coquetiers en bois

DES COQUETIERS « ESPRIT NATURE » TRÈS SIMPLES À RÉALISER, POURVU QU'ON SE SOIT PROCURÉ LA BONNE MÈCHE PLATE, À UTILISER SUR UNE PERCEUSE ORDINAIRE.

MATÉRIEL

- UNE BÛCHETTE DE 5 CM DE DIAMÈTRE
- UNE SCIE
- UNE PERCEUSE
- UNE MÈCHE À BOIS PLATE DE 25 MM

1 Couper dans la bûchette des tronçons de bois de 6 cm de haut environ. S'assurer qu'ils soient bien stables.

2 Percer au milieu de chacun un trou de 25 mm de large et de 2 à 3 cm de profondeur.

3 On peut éventuellement protéger les coquetiers avec un vernis incolore mat.

Comment fabriquer

une coupelle en noix de coco

UNE SI BELLE MATIÈRE, LA COQUE DE LA NOIX DE COCO, QU'ON N'A PAS ENVIE DE LA JETER...

MATÉRIEL

- DU MÉLANGE À BÉTON EXPRESS
- UN PLAT QUI SERT DE MOULE
- UNE NOIX DE COCO
- DU PAPIER DE VERRE

1 Lâcher tout simplement la noix de coco sur un sol en pierre (par exemple dehors, pour que l'eau de coco ne tache pas). La coque va se fendre très facilement. En récupérer un morceau à usage de coupelle.

2 Mélanger le béton en poudre avec de l'eau en suivant les indications sur le paquet ou au jugé, soit environ 1 volume d'eau pour 4 volumes de poudre, afin d'obtenir une pâte un peu épaisse et homogène (la consistance importe peu).

3 Verser ce mélange dans le moule choisi (idéalement en silicone souple, mais l'objet sur la photo a été moulé dans un petit saladier en métal). Tapoter pour faire remonter l'air : c'est ce qui garantit une texture lisse.

4 Enfoncer la coque de noix de coco de façon à la faire affleurer. Laisser sécher.

5 Démouler à l'envers en tapotant doucement. Quand on est patient, l'objet finit toujours par se détacher du moule.

6 Poncer les bords pour affiner le résultat. On peut aussi huiler la noix de coco pour faire ressortir le veinage.

IDÉE BONUS

Un joli bol se casse ? Au lieu de le jeter, on peut le recoller puis utiliser la même technique en mettant le bol à la place de la noix de coco.

COMMENT FAIRE de la porcelaine froide

UNE RECETTE QUI PERMET DE RÉALISER TOUTES SORTES DE PETITS OBJETS AUTODURCISSANTS.
DEUX EXEMPLES ICI : DES MINITROPHÉES DANS DES CAPSULES DE BIÈRE ET UN PETIT OISEAU À PERCHER SUR UN VERRE POUR MARQUER SON PROPRIÉTAIRE (ON PEUT EN FAIRE DE TOUTES LES COULEURS, POUR UNE FÊTE) OU BIEN, PERCHÉ SUR UNE TASSE, À RETENIR UN SACHET DE THÉ.

1 Recouvrir la casserole de papier d'aluminium si l'on souhaite la protéger des contacts non alimentaires.

2 Y verser la colle, le vinaigre, l'huile, la fécule de maïs et la gouache. Mélanger.

3 Porter sur le feu et continuer à mélanger pendant que la pâte épaissit.

4 Quand elle forme une boule, la laisser tiédir, puis la malaxer avec les mains. Le petit oiseau est un simple boudin court dont on façonne en pointe les extrémités, puis on pratique une fente et on insère les grains de poivre à l'endroit des yeux.

5 Pour réaliser les trophées, façonner les têtes d'animaux et bien les appuyer sur le fond de la capsule afin qu'elles en épousent le plat et ne dépassent pas des bords, puis les retirer.

6 Laisser sécher à l'air libre jusqu'à ce que la pâte durcisse.

7 Coller les trophées sur le fond de la capsule, ainsi qu'un trombonne à l'arrière, en laissant dépasser la pointe pour qu'elle serve d'accroche murale.

MATÉRIEL

- 200 G DE COLLE BLANCHE
- 2 C. À S. DE VINAIGRE BLANC
- 2 C. À S. D'HUILE
- 140 G DE FÉCULE DE MAÏS
- 1 C. À S. DE GOUACHE BLANCHE
- UNE CASSEROLE
- DU PAPIER D'ALUMINIUM

POUR LES YEUX :
- DES GRAINS DE POIVRE

POUR LES TROPHÉES :
- DES CAPSULES DE BIÈRE
- DES TROMBONNES
- UN PISTOLET À COLLE

Une pâte à modeler faite maison,
qui a ceci de particulier
que le mélange cuit avant
modelage mais pas après :
il durcit à l'air, sans cuisson.

COMMENT RÉALISER un porte-couteaux

TRÈS SIMPLE, MAIS TRÈS PRATIQUE : LES COUTEAUX SONT MAINTENUS BIEN DROITS ET ON PEUT EN GLISSER PRESQUE AUTANT QU'ON VEUT.

MATÉRIEL

- UN BAC À PLANTES RECTANGULAIRE À BORDS DROITS
- DES PIQUES À BROCHETTES
- UN SÉCATEUR

1 Couper les piques en bois à l'aide du sécateur, en ajustant la taille des segments à la hauteur du bac.

2 Garnir le bac avec les piques de façon à bien les serrer, juste assez pour pouvoir enfiler des lames de couteau.

Comment fabriquer un tableau végétal dans un tiroir

MATÉRIEL

- UNE CAISSE EN BOIS PEU PROFONDE, PAR EXEMPLE UN TIROIR
- UNE PLAQUE DE BOIS DE MÊMES DIMENSIONS POUR LE FOND
- UNE JOLIE PLANCHE POUR L'ÉTAGÈRE
- DES CHUTES DE CONTREPLAQUÉ POUR LE CADRE
- UN PETIT MORCEAU DE GRILLAGE
- DU SUBSTRAT VÉGÉTAL (SELON LES PLANTES CHOISIES)
- DE LA MOUSSE DES BOIS
- DES PLANTES À REPIQUER (JOUBARBE, SEDUM, LICHEN...)
- DEUX ATTACHES MURALES
- DU FIL DE FER
- UNE SCIE SAUTEUSE
- UNE PINCE COUPANTE
- UNE AGRAFEUSE MURALE
- DES PETITS CLOUS ET UN MARTEAU
- UN PISTOLET À COLLE

1 Dessiner au dos du tiroir (qui sera la face visible du tableau) l'emplacement du trou que l'on va végétaliser. Le découper à la scie sauteuse.

2 Découper dans les chutes de contreplaqué de quoi faire le cadre intérieur de ce trou. Coller au pistolet la planche horizontale inférieure.

3 Faire tenir la planche d'étagère avec de la colle et des clous enfoncés dans l'épaisseur depuis l'arrière. (Si l'on projette de déposer sur cette étagère des objets d'un certain poids, ajouter des équerres.)

4 Sur l'envers, agrafer le morceau de grillage de façon qu'il recouvre le trou., puis coller les trois autres parois du cadre.

5 Déposer contre le grillage un lit de mousse à l'envers, puis remplir de substrat.

6 Fermer le caisson du tiroir avec la plaque choisie comme fond (colle et petits clous dans la tranche).

7 Y fixer les attaches (des crochets ronds à visser) à l'arrière, espacés de 20 cm environ, et relier celles-ci par du fil de fer pour pouvoir moduler le point d'accroche selon le centre de gravité. Le tableau sera relativement lourd.

8 Retourner le tiroir pour le mettre à l'endroit. Repiquer les plantes en enfilant les racines à travers le grillage et en écartant la mousse. (Au besoin, entailler le grillage à la pince coupante, mais modérément.) En se développant, les plantes recouvriront le grillage, qui reste pour le moment visible.

9 Laisser aux plantes le temps de développer des racines afin de pouvoir tenir en position verticale. Il est conseillé de laisser le tableau à l'horizontale pendant 1 mois avant de l'accrocher. L'entretien se fait par vaporisation d'eau.

Comment fabriquer

une lampe avec une boîte de conserve

MATÉRIEL

- UN CINTRE EN MÉTAL
- UNE GRANDE BOÎTE DE CONSERVE VIDE
- UN KIT DOUILLE + FIL + PRISE + INTERRUPTEUR
- UNE AMPOULE
- 2 PETITES VIS + 2 ÉCROUS
- DU PAPIER DÉCORATIF
- DE LA COLLE
- UNE PERCEUSE
- UN TOURNEVIS
- UN MARTEAU
- UNE PINCE COUPANTE
- UNE PINCE FINE

UNE PETITE LAMPE FACILE À FAIRE ET BON MARCHÉ. ELLE A DEUX POSITIONS : SOIT POSÉE SUR UNE TABLE, SOIT ACCROCHÉE AU MUR. DANS LES DEUX CAS, ON PEUT LA FAIRE PIVOTER À SA GUISE.

1 Percer au fond de la boîte un cercle de petits trous de la taille de la douille. Achever la découpe de ce disque en tapant sur un tournevis avec un marteau.

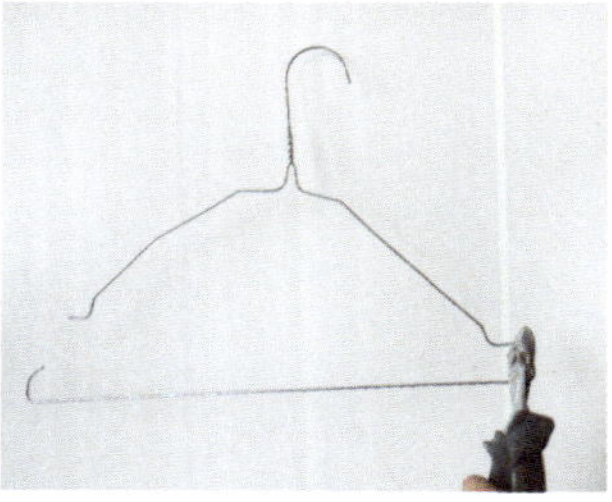

2 Couper le cintre en deux endroits, juste après le creux au niveau des épaules. Replier ces deux pattes à 130°. Recourber les deux extrémités pour former deux crochets.

3 Percer deux trous à 4 cm du fond de la boîte, diamétralement opposés. Tester la possibilité d'y insérer les deux vis et d'y fixer les crochets.

4 Retirer les vis. Découper une bande de papier décoratif et la coller sur la boîte (plus facile avec de la colle en bombe).

5 Remettre les vis dans les trous. Quand le cintre sera en place, on serrera les boulons depuis l'intérieur de la boîte.

6 Démonter puis remonter la douille en faisant passer le fil dans le trou de la boîte, sans oublier de laisser l'anneau autour du fil mais à l'extérieur, et connecter les fils avant de revisser l'ensemble.

7 Visser l'ampoule puis poser la lampe sur la table ou l'accrocher au mur grâce au crochet du cintre.

Ci-dessus, la position en applique et en page de droite, la position posée.

Comment réaliser

un mobile en origami

avec des enveloppes de récup

MATÉRIEL

- UNE JOLIE BRANCHE D'ARBRE OU UNE RACINE SÉCHÉE
- DES ENVELOPPES USAGÉES VARIÉES
- DU FIL ORDINAIRE ET UNE AIGUILLE
- DE TRÈS FINES PERLES

AVEZ-VOUS DÉJÀ SONGÉ À OBSERVER LES MOTIFS DÉLICATS QUI ORNENT SOUVENT L'INTÉRIEUR DES ENVELOPPES ADMINISTRATIVES ? RETROUVEZ LA JOIE DE PLIER LES PETITS BATEAUX DE VOTRE ENFANCE TOUT EN RECYCLANT VOS FACTURES !

1 Ouvrir les enveloppes et y découper des rectangles de tailles variées. On peut partir sur des dimensions moyennes de 10 x 15 cm, puis varier (des plus petits et des plus grands) en conservant approximativement cette proportion (un tiers/deux tiers).

2 Plier ces papiers de façon à obtenir des bateaux de tailles variées. Si le mobile est destiné à être vu par le bébé par en dessous, privilégier la couleur sur les coques plutôt que sur les voiles : il faudra donc commencer le pliage avec la couleur au verso.

3 Nouer une perle à l'extrémité du fil, le faire passer au travers d'un bateau, de bas en haut, à l'aide de l'aiguille, estimer la longueur de fil souhaitée sous la branche et couper le fil en laissant de la marge pour faire le nœud final. Pour fixer le deuxième bateau du même fil, passer à travers une perle qui servira de fixation puis enfiler le deuxième bateau, et ainsi de suite.

4 Nouer les fils garnis de bateaux à la branche, en veillant à équilibrer leur poids, puis suspendre la branche au plafond.

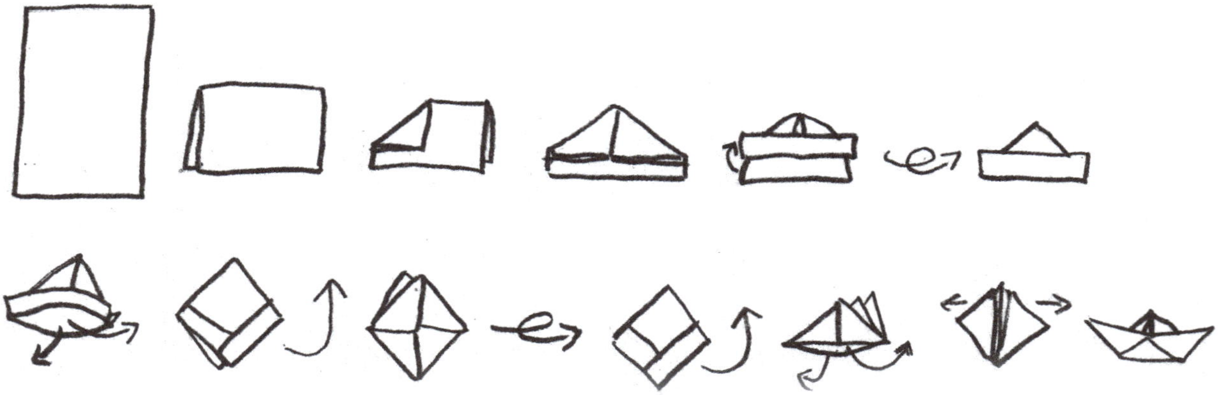

Comment fabriquer

des photophores en bulles de cire

Des bougeoirs tout graciles, faits avec des restes de bougie. Un peu fragiles, certes, mais s'ils se brisent on les fond et on recommence...

MATÉRIEL

- DES RESTES DE BOUGIE
- UNE CASSEROLE
- UN BOL PROFOND
- DES BALLONS DE BAUDRUCHE
- DES PINCES
- DU PAPIER SULFURISÉ
- DES BOUGIES CHAUFFE-PLAT

1 Mettre les restes de bougie à fondre au bain-marie dans le bol profond.

2 Remplir d'eau les ballons en les enfilant tour à tour sur l'embout d'un robinet. Les fermer avec des pinces.

3 Tremper plusieurs fois chaque ballon dans la cire fondue en tournant pour bien les enduire. Les laisser sécher sur du papier sulfurisé pour pouvoir les décoller facilement. En séchant, ils s'écrasent un peu à la base et prennent une forme stable.

4 Quand les coques de cire sont solidifiées, ôter les pinces, vider l'eau et retirer les ballons. On peut répéter

cette opération trempage + séchage plusieurs fois pour obtenir des sphères plus solides, mais elles seront moins translucides.

5 Déposer une bougie chauffe-plat au fond de chaque bougeoir.

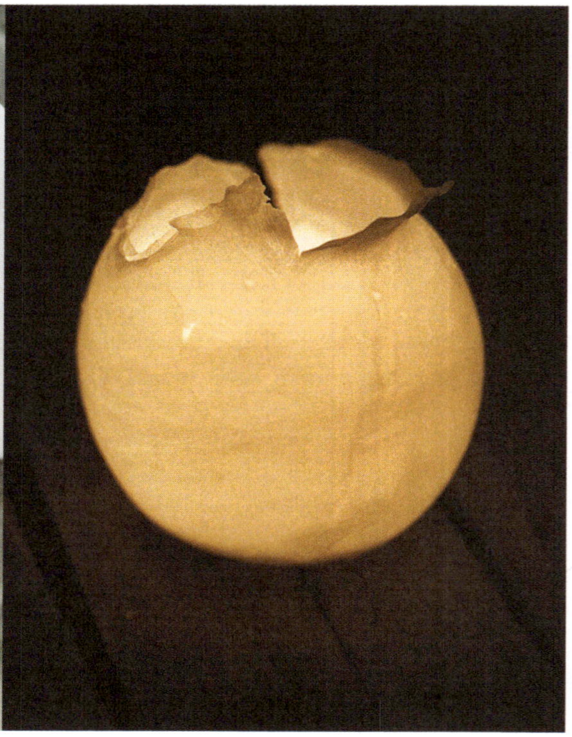

Comment faire du yarn bombing miniature

Comment mettre de la couleur dans la ville !

LITTÉRALEMENT « GUÉRILLA DE TRICOTAGE », LE YARN BOMBING EST UNE PRATIQUE ACTIVISTE ET CRÉATIVE QUI CONSISTE À DÉCORER DES ARBRES OU AUTRES ÉLÉMENTS DE L'ESPACE PUBLIC AVEC DES ŒUVRES EN FILS COLORÉS. ON S'EN INSPIRE ICI POUR RÉALISER UN PETIT ARBRE ORNEMENTAL D'INTÉRIEUR.

1 Trouver dehors la bonne branche, qui fera comme un petit arbre.

2 Découper le socle en carton. Le décorer au feutre si on veut. Sur la photo, on a mis du masking tape tout autour de la tranche.

3 Mélanger la farine, le sel et la colle. Ajouter un petit peu d'eau, juste ce qu'il faut pour obtenir une pâte à modeler.

4 Faire tenir l'arbre debout sur le socle grâce à cette boule de pâte qui séchera et durcira autour de son pied.

5 Décorer l'arbre avec des perles, des rubans, de la laine... On peut aussi couper des tronçons de paille et les fendre pour les enfiler facilement sur des portions de brindille. Si la sculpture est définitive, on peut choisir de coller les perles. Sinon, elle peut rester évolutive et démontable.

MATÉRIEL

- UN PETIT RAMEAU DE BOIS
- DES PERLES À GROS TROU
- DE LA LAINE, DU FIL ET/OU DES RUBANS COLORÉS OU DORÉS
- DES PAILLES
- UN BOUT DE CARTON POUR LE SOCLE
- 2 C. À S. DE FARINE
- 1 C. À S. DE SEL FIN
- 1 C. À S. DE COLLE BLANCHE LIQUIDE

Provocant mais pas dégradant comme un tag.

Comment fabriquer un support en yakisugi

MATÉRIEL

- UN MORCEAU DE BOIS ÉPAIS
- UN FEU DE CAMP OU DE CHEMINÉE (OU SINON, UN CHALUMEAU À GAZ)
- UNE PINCE À FEU
- UNE BROSSE
- UNE BOÎTE À ŒUFS
- DU CIMENT
- UNE LIME
- UN PISTOLET À COLLE

LE YAKISUGI, APPELÉ ÉGALEMENT (À TORT) SHOU SUGI BAN, EST UNE TECHNIQUE JAPONAISE DE TRAITEMENT DU BOIS PAR LE FEU, QUI LE REND MOINS VULNÉRABLE À L'HUMIDITÉ, AUX INSECTES ET AUX CHAMPIGNONS (ET MÊME AUX INCENDIES !). ON L'UTILISE D'HABITUDE POUR LE BARDAGE DES FAÇADES, MAIS LE CHARBON OBTENU EST SI BEAU QU'ON A ENVIE D'EN METTRE PARTOUT.
CE PETIT SUPPORT S'EN INSPIRE, AVEC DES PIEDS INSOLITES, FACILES À RÉALISER AVEC UN MOULE QUE VOUS AVEZ SÛREMENT CHEZ VOUS : UNE BOÎTE D'ŒUFS...

1 Préparer la pièce de bois : on peut couper à la tronçonneuse une épaisse tranche dans une bûche, comme sur la photo, et éroder un peu les bords, mais des planches d'autres formes peuvent convenir aussi.

2 Faire un feu bien garni, puis déposer le morceau de bois sur les braises vives et le laisser brûler en le retournant pour que toutes les faces soient carbonisées. Toutefois, le brûlage doit rester superficiel. Certains artisans contemporains préfèrent utiliser le chalumeau, qui permet de se contenter d'accentuer le contraste des veines du bois.

3 Plonger le bois dans l'eau pour stopper la carbonisation, le brosser, puis le laisser sécher. (Si l'on veut lui donner un aspect brillant, on peut l'enduire d'huile de lin.)

4 Pour réaliser les pieds, mélanger le ciment et de l'eau jusqu'à obtenir une consistance de pâte à crêpe. Verser dans les cavités au verso d'une boîte d'œufs. Laisser sécher.

5 Quand le ciment est sec, démouler. Il peut être utile de frotter sous l'eau le carton qui reste collé. Laisser sécher. Vérifier que les pieds ont la même longueur, sinon en limer la pointe pour les égaliser.

6 Coller les pieds au pistolet à colle. Sur la photo, il y en a quatre, mais il peut être plus astucieux pour garantir la stabilité de n'en mettre que trois.

Comment faire un pot-pourri

POUR UN POT-POURRI CLASSIQUE

- 1 ORANGE
- DU ROMARIN
- 1 BÂTON DE CANNELLE
- DES ÉTOILES DE BADIANE
- DES HUILES ESSENTELLES
- UN BOL OU UN PLAT

1 Découper l'orange en rondelles aussi fines que possible.

2 Les étaler sur une grille sans les faire chevaucher et les faire sécher au four à 80 °C pendant 2 heures. Terminer le séchage en les déposant sur un radiateur.

3 Disposer les branches de romarin, les rondelles d'orange et les épices dans le récipient choisi. Arroser de quelques gouttes d'huile essentielle.

4 On peut aussi, comme sur la photo en haut à droite, accrocher les rondelles contre une fenêtre à l'aide d'un fil et d'un petit morceau de masking tape, avec quelques gouttes d'huile essentielle. C'est joli quand le soleil passe à travers, et vient chauffer l'agrume, qui diffuse alors mieux son arôme.

POUR UN POT-POURRI SUSPENDU

- 1 CITRON
- UN PETIT VERRE ÉTROIT
- DES ZESTES D'AGRUMES
- DU FIL DE FER TRÈS FIN
- UNE POINTE OU UNE VRILLE

1 Couper le citron comme on le ferait d'un œuf à la coque et en presser le jus. Gratter l'intérieur de l'écorce afin de retirer les membranes et la peau blanche (une cuiller à pamplemousse dentelée peut aider).

2 Percer quatre trous sur le pourtour, à 3 mm du bord, à l'aide de la pointe ou de la vrille.

3 Enfoncer un petit verre dans le citron : il l'aidera à prendre une forme régulière en séchant. Laisser sécher le citron sur un radiateur pendant plusieurs jours.

4 Retirer le verre : on obtient une coque rigide. Passer du fil de fer dans les petits trous et attacher ainsi la coque en dessous d'une source lumineuse, par exemple autour d'une ampoule.

5 Garnir régulièrement cette jolie petite coque avec des zestes de citron, par exemple tous les matins, après avoir bu un jus de citron comme le recommandent bien des régimes. Les zestes sécheront à la chaleur de l'ampoule et parfumeront la pièce. Les renouveler fréquemment.

COMMENT FAIRE

un porte-encens à reflux

POUR RÉALISER CETTE FONTAINE DE FUMÉE FASCINANTE, ON FAIT BRÛLER DES CÔNES UN PEU PARTICULIERS : DE L'ENCENS DIT « À REFLUX » (EN ANGLAIS CHEZ CERTAINS FOURNISSEURS : *BACKFLOW INCENSE*). LES CÔNES SONT PERCÉS EN DESSOUS ET LA FUMÉE, AU LIEU DE S'ÉLEVER, S'ÉCHAPPE PAR LA BASE. LE JEU DE MODELAGE CONSISTE À CONCEVOIR UN MONTICULE DU HAUT DUQUEL LA FUMÉE S'ÉCOULERA POUR VENIR REMPLIR UN PETIT BASSIN. MAGIQUE À CONTEMPLER !

MATÉRIEL

- DE L'ARGILE SANS CUISSON
- DE LA PEINTURE FONCÉE (GOUACHE OU ACRYLIQUE)
- DES CÔNES D'ENCENS À REFLUX

1 S'installer de préférence sur une surface lisse comme un tapis de silicone ou une toile cirée, en préparant un petit récipient d'eau pour pouvoir y tremper les doigts quand on aura besoin de lisser les crevasses.

2 Modeler la base de la fontaine, d'un diamètre de 10 cm au maximum, avec des petits rebords pour maintenir la fumée.

3 Concevoir le monticule en ménageant un chemin pour que la fumée s'écoule vers le bas comme l'eau d'une cascade : soit un sentier sinueux le long d'une pente, soit des paliers successifs.

4 En haut du monticule, modeler le support du cône en prenant en compte cette contrainte technique : ce support doit être percé d'un trou d'environ 5 mm formant un petit conduit intérieur, lequel débouchera sur le sentier sinueux ou le premier palier par où s'écoulera la fumée.

5 Ajouter les ornements au fond du bac qui sert de base : montagnes pointues ou petit temple qui dépasseront de la fumée, par exemple.

6 Bien lisser l'ensemble des éléments avec un doigt mouillé, décoller délicatement du support, puis laisser sécher plusieurs jours sur un radiateur.

7 Quand la sculpture est sèche, la peindre d'une couleur sombre (si on garde l'argile claire naturelle, on verra très peu la fumée).

8 Allumer un cône d'encens, éteindre la flamme pour ne laisser que le rougeoiement consumer le cône et déposer celui-ci sur le support percé. En quelques minutes, la fumée viendra couler vers le bas et remplir peu à peu les espaces qui lui sont dédiés.

COMMENT FABRIQUER

un support mural avec une tasse

UNE BONNE FAÇON DE RÉUTILISER DE LA VAISSELLE ABÎMÉE, VOIRE BRISÉE. SI LE TRAVAIL DU CIMENT PEUT SEMBLER AMBITIEUX À CERTAINS, C'EST QU'ILS N'ONT JAMAIS ESSAYÉ. À PARTIR D'UN PETIT SAC ACHETÉ EN MAGASIN DE BRICOLAGE, ON PEUT TRÈS FACILEMENT RÉALISER TOUTES SORTES D'OBJETS. LA PRISE RAPIDE PERMET D'EN JOUIR DÈS LE LENDEMAIN.

MATÉRIEL

- UNE PETITE TASSE EN FAÏENCE (MÊME ÉBRÉCHÉE)
- UNE BARQUETTE EN BOIS JETABLE RÉCUPÉRÉE
- DU MORTIER À PRISE RAPIDE (OU DU CIMENT ORDINAIRE)
- UN PETIT MORCEAU DE FIL DE FER

1 Présenter la tasse dans la barquette pour choisir son emplacement. Pratiquer un petit trou à l'emplacement de la future accroche et y enfiler une boucle faite avec le morceau de fil de fer. Bien appuyer pour aplatir.

2 Mélanger le mortier et l'eau dans un récipient afin d'obtenir une pâte fluide.

3 La verser dans la barquette (en noyant dedans l'extrémité nouée de la boucle d'accroche). Tapoter avec précaution pour bien étaler le mortier et éviter les bulles d'air.

4 Enfoncer délicatement la tasse à l'endroit prévu. Elle n'en bougera plus.

5 Laisser sécher jusqu'au lendemain. Le démoulage devrait être facile.

6 On peut garnir cette tasse avec un petit cactus ou l'utiliser comme vide-poche pour y déposer ses clés. On peut aussi y déposer une bougie, voire y faire fondre directement de la cire de bougie autour d'une mèche.

COMMENT FAIRE

un cale-porte féministe

MATÉRIEL

- UNE POUPÉE MANNEQUIN QUI SERA SACRIFIÉE
- UNE BRIQUE DE JUS OU DE LAIT ÉTROITE ET HAUTE
- DU CIMENT EN POUDRE À PRISE RAPIDE
- UNE BASSINE
- UN BÂTON POUR MÉLANGER
- DE L'EAU
- DES CISEAUX

SI VOUS VOUS LANCEZ DANS LES EXPÉRIENCES À BASE DE CIMENT, VOUS AUREZ ENVIE DE TESTER PLEIN DE CHOSES : LE RÉSULTAT EST RAPIDE ET GRATIFIANT. VOICI PAR EXEMPLE UN BLOC ICONOCLASTE POUR DIRE ADIEU À L'HÉROÏNE DE VOTRE ENFANCE, CELLE QUI A FICHU DES COMPLEXES À TOUTES LES FILLES QUI N'ÉTAIENT NI BLONDES NI LONGILIGNES.

1 Couper le haut de la brique, laver et sécher l'intérieur.

2 Tester la taille de la poupée dans la brique. Si elle dépasse trop par rapport à l'effet escompté, on peut lui retirer les jambes, ça ne se verra pas.

3 Consulter les proportions indiquées sur le paquet de ciment. En général, on compte 3 volumes de ciment pour 1 volume d'eau. Verser le ciment en poudre dans la brique pour estimer la quantité nécessaire pour un remplissage aux trois quarts.

4 Verser la quantité de ciment choisie dans la bassine. Ajouter l'eau (un quart de la brique) et mélanger. Il faut travailler très vite car la prise est rapide !

5 Verser le ciment en pâte dans la brique et y enfoncer la poupée en laissant dépasser sa tête et sa main. Laisser prendre. Vite rincer la bassine.

6 Dès qu'il est durci, dégager le bloc de la brique.

Comment faire

des coussins avec des pulls

LES VÊTEMENTS FONT PARTIE DES PRODUITS QUI PERDENT LE PLUS DE VALEUR DÈS LORS QU'ILS NE SONT PLUS NEUFS : ON EN TROUVE EN VIDE-GRENIERS VENDUS À PEINE UN DIXIÈME DE LEUR PRIX D'ORIGINE. C'EST L'OCCASION DE LES RÉUTILISER POUR TOUTES SORTES D'USAGES EN DÉCO. ICI, DES COUSSINS, MAIS ON PEUT EN FAIRE DES RIDEAUX OU DES ABAT-JOUR...

MATÉRIEL
- DES COUSSINS
- DES PULLS (TROP PETITS, TROUÉS OU FEUTRÉS)
- DES ÉPINGLES
- DU FIL ET UNE AIGUILLE

Les pulls avant transformation.

1 Récupérer, voire racccomoder des pulls que l'on ne porte plus. On peut aussi aller aux puces ou dans un vide-grenier pour chercher exprès des pulls qui feront de beaux coussins.

2 Trouver le coussin de la bonne taille qui correspond à celle du pull, faire des essais.

3 Le mettre à l'envers et couper les manches, en laissant un revers généreux pour que le raccord reste bien caché même si le bord s'effiloche.

4 Épingler les bords, puis coudre à l'envers, en gardant une ouverture pour pouvoir retourner le pull et enfiler le coussin. Terminer la couture à l'endroit. Si l'on a choisi un gilet, c'est plus facile : on glisse le coussin, puis on reboutonne.

5 Sur le même principe, on peut aussi réutiliser un chemisier ou une jupe.

Comment faire

une petite étagère dans un moule à gâteau

LES VIDE-GRENIERS REGORGENT DE MOULES À GÂTEAUX QUE LA ROUILLE INTERDIT D'UTILISER EN CUISINE. ILS FONT DE JOLIS CACHE-POTS… OU DES CADRES INSOLITES.

MATÉRIEL

- UN MOULE À GÂTEAU PROFOND ET LÉGER
- UNE PETITE PLANCHE DE CONTREPLAQUÉ
- UNE SCIE
- UN PISTOLET À COLLE
- UNE BOÎTE DE CONSERVE VIDE
- UN RAMEQUIN OU UN PETIT VERRE

1 Mesurer les dimensions adéquates pour faire tenir la petite planche en travers du moule à gâteau à environ un tiers de ce qui sera le bas.

2 Découper la planche en biais de façon qu'elle épouse la forme du moule.

3 La faire tenir en place en la collant avec le pistolet.

4 Découper dans la boîte de conserve l'opercule et le coller solidement à l'arrière du moule, bien centré, de façon à utiliser la boucle de métal comme accroche murale.

5 Poser sur la petite planche le ramequin ou le verre garni d'une plante, voire d'autres bibelots décoratifs, et accrocher l'ensemble au mur.

L'astuce de l'opercule de boîte de conserve en guise d'accroche.

Comment fabriquer

un dessous-de-plat en capsules

IL FAUT UN PEU DE PATIENCE POUR HABILLER CES CAPSULES DE CHUTES DE TISSU, LE PLAISIR RETROUVÉ DE LA COUTURE AU COIN DU FEU… MAIS LE RÉSULTAT DONNE PLUSIEURS PETITES PLAQUES SOUPLES À GÉOMÉTRIE VARIABLE ET AUX COULEURS CHATOYANTES.

MATÉRIEL

- DES CAPSULES
- DES CHUTES DE TISSU FIN
- DU FIL ET UNE AIGUILLE

1 Découper dans le tissu des disques de 5,5 cm de diamètre.

2 Effectuer une couture sur le pourtour, de façon à pouvoir froncer les disques et former une bourse.

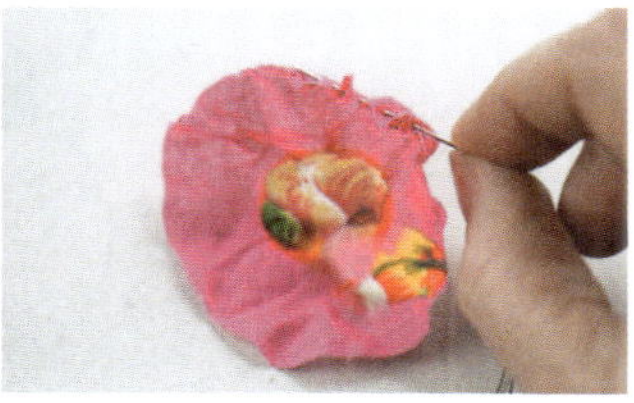

3 Glisser la capsule dans la bourse, bien tirer le fil pour froncer et achever la fermeture par des points croisés au centre.

4 Procéder de même avec les autres capsules et les assembler par quelques points bien serrés. On peut réaliser ainsi plusieurs îlots de capsules, qui pourront servir de dessous-de-plat soit séparément, soit réunis, selon le nombre de plats et leur taille.

PETIT MOBILIER

Comment faire des étagères doubles avec des bocaux

UNE ASTUCE GAIN DE PLACE IDÉALE POUR STOCKER DANS UN BUREAU LES PETITS OBJETS QUI ENCOMBRENT LES TIROIRS (TROMBONES, PERLES, ÉPINGLES...).
BIEN COMMODE AUSSI DANS LA CUISINE POUR LES ÉPICES, LES DÉCORS DE PÂTISSERIE ET LES PETITS ACCESSOIRES.

MATÉRIEL

- UNE ÉTAGÈRE EN BOIS
- DES BOCAUX À COUVERCLE VISSÉ
- DES VIS ET UN TOURNEVIS
- UN CLOU ET UN MARTEAU

1 Percer deux trous dans le couvercle de chaque bocal, espacés d'au moins 2 cm, à l'aide du clou et du marteau.

2 Visser les couvercles sur le dessous de l'étagère, en veillant à les espacer de telle sorte que la main puisse facilement manipuler les bocaux quand il faudra les dévisser.

3 Remplir les bocaux et les visser sous les couvercles.

astuce gain de place

J'AI TESTÉ POUR VOUS :
faire l'erreur de ne mettre qu'une seule vis. Quand on tourne le bocal pour dévisser, le couvercle tourne avec lui ! Il faut donc impérativement deux vis.

Comment fabriquer

un tipi de méditation

LE RÊVE D'AVOIR UN COIN POUR SOI... UN PETIT ENDROIT POUR SE RECENTRER, UNE BULLE POUR S'ABSTRAIRE DU MONDE LE TEMPS DE S'Y RECONNECTER EN PENSÉE. CE TIPI OFFRE L'OPPORTUNITÉ DE CRÉER CET ESPACE FACILEMENT. IL SE REPLIE EN UN CLIN D'ŒIL ET SE RANGE FACILEMENT. ET SI LA COUTURE N'EST PAS VOTRE TRUC, PAS DE SOUCI ! GRÂCE AU PLAN ASTUCIEUX, ON LE CONFECTIONNE AVEC UN DRAP DE RÉCUP SANS AVOIR À FAIRE DES OURLETS.

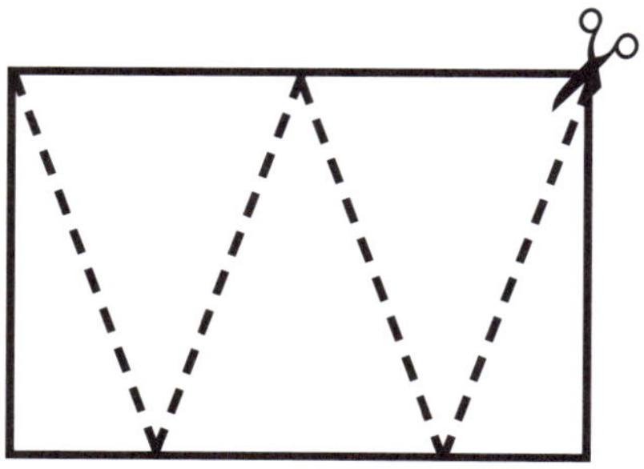

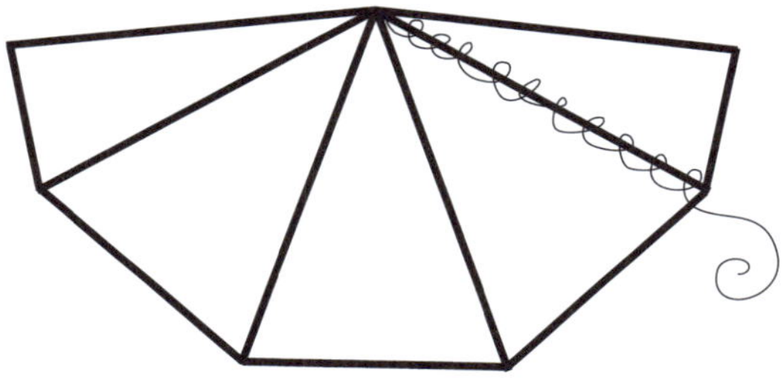

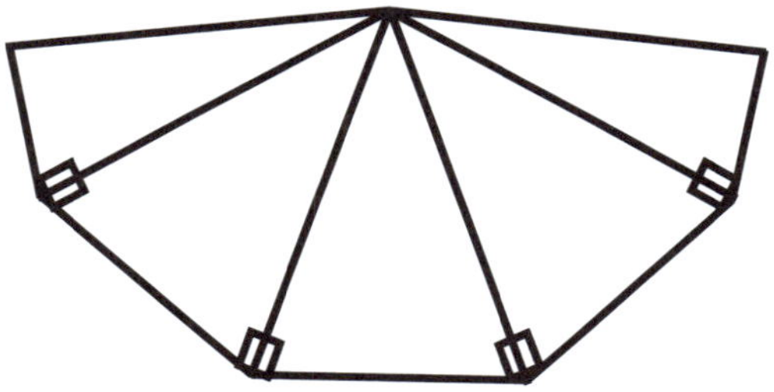

MATÉRIEL

- UN DRAP UNE PLACE
- UNE CHUTE DE TISSU QUELCONQUE (QUI NE SERA PAS VISIBLE)
- DES NAPPERONS OU DES MORCEAUX DE DENTELLE
- 4 BAMBOUS DE 2 M DE LONG
- DES CISEAUX DE COUTURE
- DU FIL ET UNE MACHINE À COUDRE

1 Couper le drap selon le schéma de façon à obtenir trois grands triangles et deux petits, lesquels serviront à faire la face avant. Ce patron permet de ne pas avoir à faire d'ourlet, ni en bas ni le long des pans de la face avant. (Sur le modèle pris en photo, on a utilisé un rideau à la place d'un drap, d'où la bordure en volants à l'entrée.)

2 Là où l'on veut aménager des fenêtres, coudre les napperons ou les morceaux de dentelle au point zigzag assez serré, puis découper le drap délicatement à cet endroit.

3 Coudre tous les triangles ensemble comme sur le deuxième schéma.

4 Dans la chute de tissu, découper quatre rectangles de 5 x 7 cm environ et les coudre à l'intérieur du tipi à la base de chaque piquet : on enfilera l'extrémité au sol des bambous dans cette petite poche.

5 Le tipi est très facile à monter, à démonter et à ranger. On peut maintenir les pans ouverts avec des pinces à cheveux ou à rideaux. Idéal pour initier les enfants à la méditation ou la pratiquer soi-même...

Comment fabriquer

des petites tables en béton

SIMPLISSIME : DU CIMENT, UN RÉCIPIENT ET TROIS PIEDS EN BRANCHAGE SOLIDE, EN TASSEAUX OU EN MANCHE À BALAI. AVEC, EN BONUS, UNE SURPRISE AU FOND DU MOULE...

MATÉRIEL

- DU CIMENT À PRISE RAPIDE
- UN RÉCIPIENT POUR MÉLANGER
- UN SEAU OU UN MOULE À GÂTEAU
- DES BRANCHES SOLIDES
- UNE SCIE
- DES CLOUS ET UN MARTEAU
- UNE FEUILLE DE CHOU, UN NAPPERON BRODÉ OU AUTRE DÉCORATION PLATE À INCRUSTER

1 Disposer au fond du seau ou du moule à gâteau la surprise que l'on veut faire apparaître : feuille de chou, napperon ou autre. (Elle restera immobilisée, on ne pourra plus la récupérer.) Un moule flexible, comme un seau de maçon, facilitera le démoulage, mais on peut utiliser un plat en acier inoxydable.

2 Couper les branches de façon à obtenir une surface horizontale une fois qu'elles seront en place. C'est l'étape la plus délicate (sauf si l'on opte pour trois tasseaux inclinés de façon identique). Hérisser les extrémités qui seront immergées dans le béton de quelques clous : c'est essentiel, sinon les pieds ne tiendront pas après la rétractation du séchage.

3 Préparer le ciment, par exemple dans un ancien grand pot de peinture. Verser 1 tasse d'eau pour 6 tasses de ciment, mélanger vivement et ajuster le dosage selon la consistance et la quantité souhaitées.

4 Verser ce ciment dans le seau ou dans le moule pour obtenir une couche de 4 cm environ.

5 Planter les pieds cloutés dans le ciment frais. Soit ils tiennent debout (bûchettes de section large), soit ils s'appuient sur les bords du seau. Si l'on utilise un moule à gâteau plutôt qu'un seau, il est commode de le poser au fond d'une caisse en carton dont les flans soutiendront les pieds en l'air.

6 Laisser prendre pendant quelques heures, puis démouler délicatement en tapotant. Laisser la feuille sécher avant de la retirer... ou pas. À terme, le bois va bouger, mais les clous empêcheront les pieds de se déchausser.

Comment coudre un hamac

UN HAMAC ASSIS, IDÉAL POUR LIRE À L'OMBRE ET SE BALANCER SOUS UN ARBRE.
COMME IL EST PEU ENCOMBRANT, ON PEUT AUSSI L'INSTALLER EN INTÉRIEUR.

MATÉRIEL

- 160 X 140 CM DE TISSU SOLIDE (TOILE DE COTON)
- 160 X 140 CM DE TISSU DÉCORATIF
- 7 M DE CORDE ENVIRON
- UNE BRANCHE SOLIDE DE 90 CM (DE 4 CM DE DIAMÈTRE)
- UN CROCHET OU UNE AUTRE ATTACHE
- DU FIL SOLIDE
- UNE MACHINE À COUDRE
- UNE PERCEUSE À GROS FORET

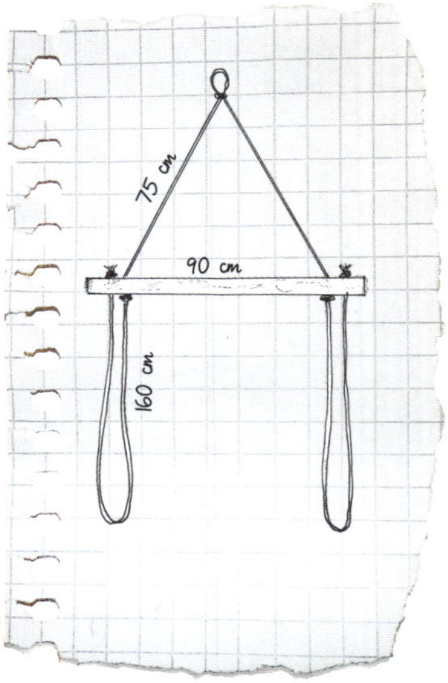

1 Positionner les deux tissus envers sur envers. Coudre un ourlet de 2 cm (+ 1 cm rentré à l'intérieur de l'ourlet) sur les deux largeurs. L'ourlet vient recouvrir le tissu décoratif.

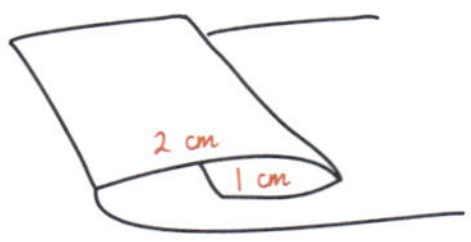

2 Faire un ourlet de 5 cm (+ 2 cm rentrés à l'intérieur) sur les deux longueurs.

3 Faire plusieurs passages espacés de 1 cm. Ce sont ces coutures qui supporteront le poids ; elles doivent être bien solides.

4 Passer la corde dans les ourlets à l'aide d'une grosse épingle de nourrice (ou d'autre chose pour faciliter la préhension, comme une bobine vide au creux de laquelle on passe la corde).

5 Percer la branche à la perceuse avec un foret adapté au diamètre de la corde : deux trous espacés de 4 cm, à 7 cm de chaque extrémité environ.

6 Y passer la corde comme sur le schéma et faire des nœuds aux extrémités.

7 Suspendre le hamac à une branche d'arbre, à l'aide d'un crochet et/ou d'un mousqueton.

Comment fabriquer

un lampadaire avec le pied du sapin de Noël

UNE DEMI-BÛCHE
ET UNE BELLE BRANCHE.

MATÉRIEL

- UNE DEMI-BÛCHE PIED DE SAPIN
- UNE BRANCHE COURBE
- 3 M DE CÂBLE ÉLECTRIQUE TEXTILE
- UNE RALLONGE OU UN VIEUX CÂBLE ÉLECTRIQUE AVEC PRISE MURALE
- UN INTERRUPTEUR À PIED
- UNE DOUILLE
- DU RUBAN ADHÉSIF D'ÉLECTRICIEN
- UNE AMPOULE DÉCORATIVE
- UN CUTTER

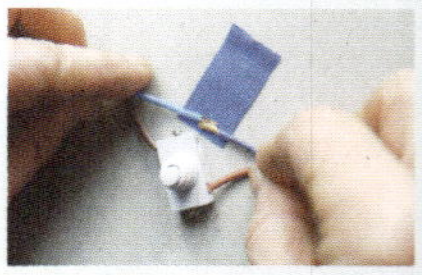

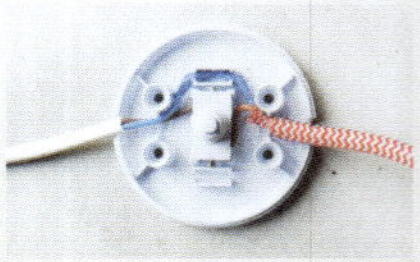

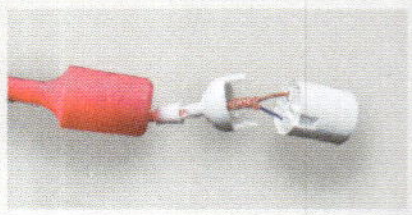

1 Fixer en force la branche dans le trou du support (au besoin, avec des clous).

2 Dénuder les fils de couleur du câble textile sur 1 cm à l'aide d'un cutter. Idem pour la rallonge ou le fil électrique de récupération (qui sera installé entre l'interrupteur et la prise murale).

3 Démonter l'interrupteur, puis connecter les fils rouges du câble textile et de la rallonge en vis-à-vis dans les trous. Visser. Entortiller les deux extrémités bleues et les maintenir ensemble avec du ruban adhésif. Remonter l'interrupteur.

4 Démonter la douille, enfiler les éléments autour du câble textile, enfoncer les deux fils dans les trous opposés et revisser le tout.

5 Enrouler harmonieusement le câble textile autour de la branche de façon que la douille pende. Visser l'ampoule.

COMMENT FABRIQUER

un casier à bouteilles en boîtes de conserve

ZÉRO BUDGET ET HUIT BOUTEILLES CASÉES DANS UN MINIMUM DE PLACE.

MATÉRIEL

- 8 GRANDES BOÎTES DE CONSERVE VIDES
- UNE VIEILLE CEINTURE
- UN PISTOLET À COLLE

1 Découper les boîtes de conserve à l'ouvre-boîte de façon à ne conserver que les cylindres.

2 Les disposer de la façon la plus commode possible, selon l'emplacement dont on dispose.

3 Coller entre elles, à l'aide du pistolet à colle, les boîtes qui formeront la base.

4 Disposer les suivantes en marquant d'un trait de feutre les points de jonction avec les boîtes déjà collées (quand on colle au pistolet, il faut être bien organisé pour travailler rapidement).

5 Quand toutes les boîtes sont assemblées, les réunir avec une ceinture, par sécurité. Si l'on veut construire un casier plus grand, il est conseillé de l'insérer dans un cadre en bois.

COMMENT FABRIQUER

une petite table avec des vases comme pieds

Une idée par exemple pour végétaliser son bureau : on dédouble la place disponible sur son plan de travail, en plus de le fleurir, grâce à l'ajout de cette tablette décorative.

MATÉRIEL

- UNE PLAQUE DE CONTREPLAQUÉ (ENVIRON 8 MM D'ÉPAISSEUR)
- AU MOINS 3 BOUTEILLES DE DIMENSIONS IDENTIQUES
- UNE SCIE SAUTEUSE
- UNE PERCEUSE ÉQUIPÉE D'UNE MÈCHE PLATE DE 26
- DU PAPIER DE VERRE
- DE LA PEINTURE

Astuces pour réaliser le modèle avec les bouteilles de couleur : acheter des bières aromatisées Belzébuth, déjà colorées et aux étiquettes faciles à retirer instantanément. Le trio de bouteilles noir mat est réalisée en bières Goudale. Et pour des bouteilles bleues, cherchez l'eau gazeuse Lauretana...

1 Tracer sur la plaque des formes courbes de la taille des tables ou tablettes souhaitées (sur la photo, une plaque de récupération sur laquelle on a fait rentrer quatre tablettes).

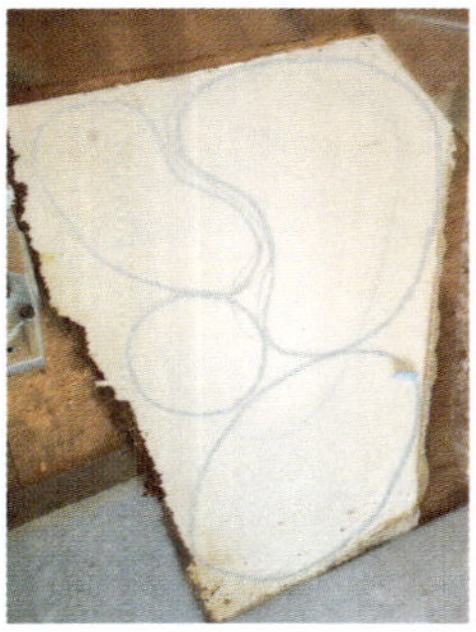

2 Les découper à la scie sauteuse.

3 Percer des trous de 26 aux emplacements prévus : ce diamètre permet de coincer le goulot des bouteilles classiques de façon assez stable. On peut aussi imaginer une table plus grande avec des trous plus grands aussi, permettant d'enfiler jusqu'au col des grandes bouteilles. Dans ce cas, agrandir les trous à l'aide de la scie sauteuse.

4 Poncer les arêtes de la tablette et des trous au papier de verre.

5 Peindre si on le souhaite (sur la photo, la plaque récupérée était déjà peinte).

6 Décoller les étiquettes des bouteilles, puis les enfiler sous la tablette, calées sur les trous.

7 Utiiser les bouteilles comme vases. Si la tablette est petite, elle est seulement décorative. À partir d'une certaine taille, elle peut devenir une vraie petite table où poser des objets.

Comment réaliser un collage de ciels sur une commode

UN PETIT MEUBLE TOUT SIMPLE, DU GENRE DE CEUX QU'ON TROUVE PARFOIS À L'ABANDON SUR LE TROTTOIR, PEUT DEVENIR LE SUPPORT DE COLLAGES. ICI, DES CIELS POUR RESTER DANS LES TONS BLEUS, MAIS TOUT EST POSSIBLE, Y COMPRIS DES PAGES IMPRIMÉES DE TEXTE.

MATÉRIEL

- UN PETIT MEUBLE ORDINAIRE
- DES CATALOGUES DE VOYAGES
- UN CUTTER ET DES CISEAUX
- UNE RÈGLE
- UN MARTYR (SUPPORT DE DÉCOUPE)
- DU MASKING TAPE DÉCORATIF
- DU PAPIER DE VERRE
- DU VERNIS-COLLE MAT
- UN PINCEAU LARGE
- UN CHIFFON, UNE SPATULE SOUPLE OU UNE VIEILLE CARTE BANCAIRE

1 Faire le tour des agences de voyages et collecter des jolis catalogues illustrés.

2 En détacher toutes les pages qui comportent des beaux pans de ciel. (Parfois, le choix est difficile parce qu'il y en a au recto et au verso !)

3 Découper ces images avec règle et cutter sur le martyr (ou sinon sur un carton très épais).

4 Si le meuble est en mélaminé, il faut frotter du papier de verre sur toute sa surface pour le rendre un peu moins lisse (pas question de le décaper non plus). S'il est en bois brut, c'est plus simple, ça colle mieux.

5 Commencer par positionner les images les plus grandes à quelques endroits bien visibles du meuble. Les coller avec le vernis-colle, au pinceau.

6 Compléter le patchwork avec les images plus petites, en jouant avec les contrastes de couleur. On peut les faire chevaucher ou non. Bien enduire de colle les bords des images. On peut aussi mettre généreusement de la colle par-dessus pour parfaire l'encollage des petites pièces.

7 Au besoin, maroufler (c'est-à-dire chasser les bulles d'air en allant du centre de l'image vers l'extérieur) en s'aidant du chiffon, de la spatule souple ou de la carte bancaire usagée.

8 Terminer les finitions avec des morceaux de masking tape pour ménager quelques contre-points colorés.

9 Enduire le tout de vernis-colle pour protéger les images des salissures et de la lumière.

10 On peut aussi recouvrir l'intérieur de papier peint d'une couleur bien tranchée.

COMMENT FABRIQUER

un petit placard mural dans une valise

LE PLUS DÉLICAT EST DE TROUVER LA BONNE VALISE, PAS TROP GRANDE, UN PEU KITSCH. ENSUITE, L'AMÉNAGER EST UN JEU D'ENFANT.

MATÉRIEL

- UNE PETITE VALISE VINTAGE
- UN PETIT MIROIR
- DU CARTON ÉPAIS
- DES CLOUS DE 3 CM
- 4 VIS DE 2 CM
- 2 VIS + 2 CHEVILLES POUR LE MUR
- 4 RONDELLES
- 2 BOUCHONS EN LIÈGE
- DU RUBAN DE TISSU ADHÉSIF
- DU MASKING TAPE
- DES PUNAISES, PAILLETTES ET AUTRES DÉCOS
- UN CUTTER
- UN MARTEAU
- UN TOURNEVIS
- UNE PERCEUSE

1 Mesurer l'intérieur de la valise et découper quatre bandes de carton fort à usage d'étagères. En fixer deux à l'aide de clous.

2 Doubler les étagères (avec les deux autres cartons découpés) pour qu'elles soient plus solides. Coller du ruban de tissu adhésif sur la tranche.

3 Fixer le miroir à l'extérieur du couvercle à l'aide de quatre vis munies de rondelles. Quand la valise sera verticale et fermée, le miroir apparaîtra donc en façade.

4 Couper les bouchons en deux et fixer chaque demi-bouchon sur la partie de la vis qui dépasse à l'intérieur du couvercle. Les décorer avec le masking tape, les paillettes, les punaises ou autres. Ces bouchons serviront à suspendre des bijoux à l'intérieur de la porte.

5 Pour accrocher la valise au mur, enfoncer deux vis au fond, proches des deux angles supérieurs, en marquer le mur, le percer pour y mettre les deux chevilles et visser.

MORINGA

COMMENT FABRIQUER
un tabouret en bouteilles

RECYCLONS CE QUI ENCOMBRE : DES BOUTEILLES VIDES, DU CARTON D'EMBALLAGE ET UN VIEUX PULL.

MATÉRIEL

- 7 BOUTEILLES EN PLASTIQUE
- DU CARTON ÉPAIS
- UN PULL À COL ROULÉ (TAILLE M)
- DU RUBAN ADHÉSIF LARGE
- UN MORCEAU DE FICELLE
- UN MOULE ROND (À USAGE D'EMPORTE-PIÈCE)
- DES CLOUS
- UN CUTTER ET DES CISEAUX
- DU FIL ET UNE AIGUILLE

1 Grouper les bouteilles debout et les assembler avec du ruban adhésif.

2 Choisir un moule rond de même diamètre que le lot ainsi obtenu. L'utiliser comme emporte-pièce afin de découper au cutter dans le carton quatre disques ainsi qu'une longue et large bande pour faire le tour.

3 Fixer un disque dans l'épaisseur du carton de périphérie à l'aide de quelques clous. Déposer les bouteilles à l'intérieur et fixer le couvercle de la même façon.

4 Doubler chacun des disques (pour la solidité) et fixer le tout avec du ruban adhésif.

5 Retourner le pull à l'envers, supprimer les manches et coudre les ouvertures ainsi pratiquées. Fermer le col avec un bout de ficelle bien serré à mi-hauteur.

6 Disposer les manches en anneau afin de garnir l'assise. Enfiler le pull à l'endroit sur le tabouret. Coudre le bas du pull en dessous, en veillant à ne pas faire de bosses pour maintenir la stabilité du tabouret.

PROJETS PLUS AMBITIEUX

COMMENT FABRIQUER

des étagères en bois maçonnées en papier mâché

FACILE ET BON MARCHÉ : DES PLANCHES D'AGGLOMÉRÉ FIXÉES AU MUR PAR DES ÉQUERRES, INCLUANT DES PETITES PORTES ACHETÉES EN BROCANTE. L'EFFET MAÇONNÉ EST DONNÉ PAR UNE BOUILLIE DE PAPIER TOILETTE PEINTE EN BLANC, QUI ADOUCIT LES ANGLES ET JOINT LE BOIS AU MUR.

1

2

3

4

MATÉRIEL

- DES PLANCHES DE BOIS ÉPAISSES
- DES ÉQUERRES ET DES VIS
- DES CHEVILLES ADAPTÉES AU MUR
- DES PORTES DE RÉCUP (AVEC LEUR CADRE)
- DES TOURILLONS DE BOIS
- DU PAPIER TOILETTE BLANC
- DE LA COLLE À TAPISSERIE
- DE LA PEINTURE BLANCHE
- UNE SCIE CIRCULAIRE
- UNE PERCEUSE
- UN MIXEUR
- UN PINCEAU

1 Dessiner d'abord le plan des étagères, en commençant par placer les portes, au besoin en traçant leur contour au mur. Pour le projet photographié, on a choisi de mettre des pieds au sol en guise d'appui, mais surtout pour encadrer le radiateur et, à terme, le camoufler derrière une tôle ajourée. Ce cadre est de moindre profondeur que les autres étagères.

2 Découper d'abord les étagères les plus basses. Tracer l'emplacement des parois verticales qui reposeront dessus et pratiquer des trous sur ce trait, ainsi que dans l'épaisseur des parois verticales, afin de glisser des tourillons de bois. Il est utile d'investir dans un petit matériel bon marché qui se fixe sur la mèche de la perceuse et permet de percer bien droit, bien au centre et à la bonne profondeur.

3 Procéder ainsi de bas en haut, en fixant les étagères au mur à l'aide des équerres, et en incluant le cadre des portes.

4 Plonger les rouleaux de papier toilette entiers dans un faitout d'eau chaude et en extraire le rouleau central en carton. Broyer au mixeur, puis ajouter de la colle en pluie. Mélanger jusqu'à obtenir la consistance visqueuse adéquate. En recouvrir les arêtes et les jointures entre les planches et le mur.

5 Quand le papier mâché est sec, peindre le tout, sauf les portes.

TÀPIES
SPA
1000 IDÉES JARDIN
VIVRE CHIC À LA CAMPAGNE

Comment réaliser

un patchwork en échantillons de papier peint

UN PROJET DÉCO ZÉRO BUDGET, SINON LES QUELQUES EUROS DE LA COLLE À TAPISSERIE. DÉCOUPER QUELQUES MORCEAUX DE PAPIER PEINT DANS UN MAGASIN DE BRICOLAGE NE VOUS COÛTERA QU'UN SOURIRE À LA CAISSE.

MATÉRIEL

- DES ÉCHANTILLONS DE PAPIER PEINT
- DE LA COLLE À PAPIER PEINT UNIVERSELLE
- UN CUTTER
- UNE GRANDE RÈGLE
- UN CRAYON À PAPIER
- UNE ÉQUERRE
- UN MARTYRE (SUPPORT QUI NE CRAINT PAS LE CUTTER)
- UNE BASSINE
- UN PINCEAU EXTRALARGE
- UN CHIFFON

1 Préparer les échantillons de papier peint en les coupant bien droit au cutter à l'aide de l'équerre et de la règle.

2 Les disposer au sol pour choisir leur agencement. Placer ses préférés aux endroits stratégiques, puis combler les espaces avec ceux qui apporteront le meilleur contraste. On peut choisir de les faire chevaucher ou pas.

3 Préparer la colle en versant de l'eau dans les paillettes, selon les quantités indiquées. Laisser reposer : elle va épaissir un peu.

4 Encoller les papiers, et éventuellement le mur aussi, pour faciliter la pose. Commencer par un coin du mur à angle droit. Maroufler avec le chiffon pour pousser les bulles d'air du centre vers l'extérieur de chaque morceau de papier. Veiller à ce que les bords soient bien encollés, au besoin en ajoutant de la colle au pinceau.

COMMENT FAIRE

de la peinture à la chaux

NATURELLE, ÉCOLOGIQUE ET DIX FOIS, VOIRE CENT FOIS MOINS CHÈRE QUE LA PEINTURE, LA CHAUX EST UN MERVEILLEUX MATÉRIAU QUI LAISSE RESPIRER LES MURS : ELLE CAPTE L'HUMIDITÉ ET EN ÉVITE LES REMONTÉES. ADDITIONNÉE DE PIGMENTS NATURELS, ELLE DONNE UNE BELLE MATIÈRE IRRÉGULIÈRE AUX TEINTES VELOUTÉES.

1 Les supports doivent être poreux : plâtre, brique, pierre, bois brut, placo, enduit frais ou sec. Sinon, utiliser un apprêt spécifique.

2 Mélanger la chaux et l'eau dans un seau. Si le mur présente des petits défauts à cacher, on pourra faire un chaulage un peu épais : 1 volume de chaux pour 1 volume d'eau. Si on vise seulement de la peinture décorative, on fait un badigeon, soit 1 volume de chaux pour 2 volumes d'eau. On pourra la diluer encore (1 pour 5) pour la dernière couche, afin de réaliser une eau-forte avec des effets colorés, voire une patine (1 pour 15).

3 Le chaulage s'applique plutôt brut. Le badigeon, lui, gagne à être additionné de caséine, qui sert de fixateur. La diluer dans un peu d'eau tiède et l'ajouter dans le seau.

4 Si on réalise un badigeon, une eau-forte ou une patine, ajouter les pigments choisis. Faire des tests de couleur en commençant par de toutes petites doses. Leur poids ne doit pas dépasser 10 % du poids de la pâte de chaux. Faire des essais sur le support jusqu'au séchage complet. Attention, c'est surprenant : la teinte perdra environ la moitié de son intensité en séchant !

5 Humidifier les murs au vaporisateur, puis les peindre comme avec une peinture ordinaire, en prenant soin de se protéger (le pH élevé est irritant). On peut aussi talocher le mur, selon l'effet désiré.

6 Appliquer de cette façon deux ou trois couches, de plus en plus diluées, pour accentuer les contrastes.

MATÉRIEL

- DE LA CHAUX AÉRIENNE EN POUDRE (1 KG = ENVIRON 25 M²)
- DE LA CASÉINE EN POUDRE (50 G POUR 1 KG DE CHAUX)
- DES PIGMENTS NATURELS
- UN SEAU POUR LE MÉLANGE
- UN VAPORISATEUR
- DES GANTS ET UNE PROTECTION POUR LES YEUX
- UN ROULEAU, UNE BROSSE ET UN PINCEAU

Comment construire une cuisine pour enfants en tadelakt

LE TADELAKT EST UN ENDUIT TRADITIONNEL MAROCAIN À BASE DE CHAUX, DOUX AU TOUCHER ET ÉTANCHE, QUE L'ON TROUVE DANS LES HAMMAMS. UN PEU DIFFICILE À METTRE EN ŒUVRE SELON LES RÈGLES DE L'ART, IL PEUT TOUT DE MÊME ÊTRE TENTÉ SUR UNE PETITE SURFACE SANS TROP D'ENJEU, COMME CE PROJET, ICI RÉALISÉ DANS UNE CACHETTE SOUS L'ESCALIER.

MATÉRIEL

- DES BRIQUES
- DE LA COLLE À CARREAUX DE PLÂTRE
- DE LA CHAUX AÉRIENNE
- DE LA POUDRE DE MARBRE (OU DU SABLE FIN COMME DE LA FARINE)
- DES PIGMENTS
- DU SAVON NOIR
- UN SALADIER EN INOX À REBORD (ÉVIER)
- UN MARTEAU
- UNE TRUELLE
- UNE ÉPONGE
- UNE SPATULE EN PLASTIQUE
- UN GALET ROND BIEN POLI
- DES GANTS
- UN PINCEAU LARGE

1 Disposer les briques, en ménageant un trou au marteau pour l'évier. Les coller au mur et entre elles à la colle à carreaux de plâtre (plus facile à manipuler que le plâtre quand on n'est pas maçon).

2 La veille de la pose du tadelakt, bien mouiller les briques avec une éponge et préparer le gobetis, avec 7 volumes de poudre de marbre ou de sable extrafin pour 3 volumes de chaux et, si l'on souhaite la teinter, un peu de pigment (environ 15% du volume, sachant que la teinte sera moitié plus pâle après séchage). Ajouter autant d'eau que nécessaire pour obtenir une consistance crémeuse. Laisser gonfler jusqu'au lendemain.

3 Mouiller à nouveau le support et talocher de bas en haut sur une épaisseur de 5 mm en deux passes successives.

4 Laisser tirer, puis talocher énergiquement avec la spatule, par des mouvements circulaires, en écrasant pour faire sortir la laitance.

5 Laisser sécher jusqu'à ce que le doigt ne colle plus. Poncer au galet, comme un massage. Passer encore la spatule, et répéter aussi souvent que nécessaire pour que le rendu soit compact et lisse. Ne pas trop appuyer, sinon l'enduit risque de se décoller.

6 Attendre encore quelques heures que l'enduit sèche et commence à craqueler. Passer au pinceau du savon noir dilué dans de l'eau (4 c. à s. pour 1 l d'eau), puis polir les microfissures avec le galet. À la fin, laver et essuyer.

avant

après

COMMENT FAIRE

une paroi de douche avec des bouteilles

et éclairée de l'intérieur, en plus !

INSPIRÉE PAR L'ARCHITECTE HUNDERTWASSER, UNE DOUCHE HAUTE EN COULEUR QUI LAISSE PASSER LA LUMIÈRE DU JOUR ET SE PARE, À LA NUIT TOMBÉE, DE REFLETS PROJETÉS AU PLAFOND PAR LES LED INCLUSES. SANS COMPTER LE BONHEUR DE CHINER TOUS CES FLACONS EN VIDE-GRENIER !

MATÉRIEL

- DES BOUTEILLES EN VERRE DE COULEUR
- DES BRIQUES
- DU PLÂTRE
- DE LA COLLE FORTE
- DE LA PEINTURE BLANCHE POUR SALLE D'EAU
- DU VERNIS MAT
- UN KIT DE 10 LAMPES À LED POUR TERRASSE

1 Positionner les bouteilles au sol pour faire le choix de la composition.

2 Monter la première moitié du mur en briques, puis ménager à mi-hauteur des niches dans lesquelles tiendront les petits groupes de bouteilles.

3 Prendre soin de faire courir les fils des LED afin que certaines ampoules éclairent les bouteilles incluses dans le mur et d'autres celles qui seront posées au-dessus. Comme ce sont des LED prévues pour un usage extérieur, elles supportent l'humidité et affleurent sans dépasser. Prévoir d'installer le transformateur et la prise loin de la douche (les fils sont très longs).

4 Faire tenir les bouteilles dans chaque niche et remplir de plâtre à l'aide d'un support derrière servant de coffrage. Les faire affleurer à la surface côté extérieur de la douche. Côté intérieur, si elles sont moins épaisses que la paroi de la douche, on pourra creuser dans le plâtre des petites niches aux arêtes douces.

5 Quand le plâtre est bien sec, peindre puis appliquer un vernis mat. Coller les autres bouteilles au-dessus.

Comment fabriquer une mezzanine avec un tronc d'arbre

OBJECTIF : DEUX JOURS POUR CONSTRUIRE UNE MEZZANINE DANS LE SALON ! AVEC UN ARBRE EN GUISE DE QUATRIÈME POTEAU, POUR DONNER L'IMPRESSION D'UNE CABANE PERCHÉE. PAS SI COMPLIQUÉ QUE ÇA. LES BRANCHES EN GUISE DE GARDE-CORPS NE SONT PAS HOMOLOGUÉES, MAIS ELLES ONT LEUR CHARME SAUVAGE. PETIT RAPPEL : LES BRANCHES VERTES FRAÎCHEMENT COUPÉES SONT PLUS SOLIDES QUE LE BOIS MORT.

MATÉRIEL

- 3 POTEAUX + 1 TRONC D'ARBRE
- 6 SABOTS
- 5 SOLIVES DE 6 X 9 CM DANS LA LONGUEUR
- 2 SOLIVES DE 6 X 9 CM DANS LA LARGEUR
- UNE CHUTE DE SOLIVE POUR LA JAMBE DE FORCE
- DES ÉQUERRES, DES VIS ET DES TIRE-FONDS
- DES LAMES DE PLANCHER
- DES BRANCHAGES ET DES CLOUS
- UNE PLANCHETTE POUR FIXER LE TRONC AU SOL
- UNE ÉCHELLE OU UN ESCALIER
- DE LA PEINTURE OU DE LA CHAUX
- UNE SCIE, UNE VISSEUSE ET UN PINCEAU

1 Visser une planchette ronde sous l'arbre, d'un diamètre légèrement supérieur à celui du tronc, afin de pouvoir ensuite visser cette planchette au sol et maintenir l'arbre.

2 Pratiquer une entaille dans le tronc d'arbre à la hauteur des poteaux, afin que les solives puissent reposer dessus.

3 Fixer les poteaux aux murs avec des tire-fonds ou avec des équerres et des vis.

4 Dans la largeur, fixer les deux solives sur les poteaux, puis les solives dans la longueur, afin de constituer un cadre maintenu par des équerres.

5 Visser les sabots sur la largeur, en ménageant entre eux un écart de 40 cm environ. Positionner les longues solives dedans et visser.

6 Poser le plancher et le clouer sur les solives. Le peindre éventuellement.

7 Contreventer l'angle qui recevra l'escalier par une jambe de force.

8 Pour construire la rambarde, fixer verticalement aux deux extrémités deux branches solides en guise de poteaux, à l'aide d'équerres. Fixer horizontalement deux longues branches maîtresses sur ces poteaux et sur l'arbre. Toutes les autres branches viendront se fixer avec des clous sur ces supports et sur l'arbre On veillera à bien les entrecroiser.

9 Fixer l'échelle de meunier par des tourillons dans le sol, voire des morceaux de fer à béton.

Comment faire un carrelage en couvercles de faïence

TOUTE CETTE VAISSELLE DÉPAREILLÉE QUI ENCOMBRE LES BACS DES BOUTIQUES EMMAÜS ET AUTRES RECYCLERIES… ET SI L'ON EN FAISAIT DU CARRELAGE ? PROJET DÉCO INSOLITE À TROIS SOUS.

MATÉRIEL

- DES COUVERCLES DE THÉIÈRE ET DE SOUPIÈRE
- DU MORTIER-COLLE À CARRELAGE
- DU JOINT À CARRELAGE (POUR JOINTS ÉPAIS)
- UNE TRUELLE
- UNE SPATULE DENTELÉE
- UNE SPATULE SOUPLE
- UNE ÉPONGE
- DES GANTS DE PROTECTION

1 Disposer au sol les couvercles pour tester leur agencement. Conseil artistique : commencer par placer les plus gros, puis les moyens et en dernier les petits, qui occuperont les espaces vacants. Mettre ses préférés en haut, à hauteur des yeux.

2 Préparer le mortier-colle selon les indications du paquet. L'appliquer généreusement à la truelle sur le mur sec et propre.

3 Passer la spatule dentelée pour tracer des sillons épais horizontalement et verticalement.

4 Appliquer les couvercles un par un en suivant l'agencement prévu. Généralement, quand on pose du carrelage, on commence par le bas. Nettoyer la truelle et laisser sécher le mur.

5 Quand le mortier est bien sec, consolider l'accroche avec une couche épaisse de joint à carrelage. Cette fois, pour l'étaler, on utilisera plutôt la spatule souple, pour suivre les arrondis.

6 Attendre un peu, mais pas jusqu'au séchage complet, puis passer délicatement une éponge humide pour retirer le surplus de joint sur les bords de la faïence. Lisser l'ensemble. Laisser sécher. Il suffira de gratter les traces qui restent quand tout sera sec.

7 Si cette mosaïque prolonge un mur lisse, on peut peindre l'ensemble (mur et joints) avec de la peinture adaptée. Sur la photo, il s'agit d'un mur de douche, donc les aspérités des couvercles peuvent servir à accrocher un savon ou un autre accessoire de toilette muni d'un petit cordon.

Une autre idée de vaisselle dépareillée intégrée dans une salle de bains : des bouchons de carafe en verre insérés dans le mur, à usage de patères.

Ci-dessus, la fenêtre aux courbes Art déco a été réalisée en incluant un double vitrage (récupéré d'une fenêtre de la déchetterie, après avoir démonté le cadre) dans une paroi en carreaux de plâtre. On a ensuite maçonné le plâtre en suivant ces courbes, qui font disparaître la forme rectangulaire d'origine.

Comment faire un mur de tiroirs

LE PREMIER PLAISIR EST DE RÉCUPÉRER TOUS CES TIROIRS, SUR LE TROTTOIR, LE JOUR DES ENCOMBRANTS, OU EN BROCANTE. LE DEUXIÈME EST DE LES AGENCER COMME UNE JOLIE MISE EN PAGES. LE TROISIÈME, DE LES GARNIR DE TRÉSORS.

MATÉRIEL

- DES TIROIRS DE RÉCUPÉRATION
- DES VIS ET DES CHEVILLES
- UNE PERCEUSE-VISSEUSE
- UN NIVEAU À BULLE

1 Les tiroirs sont tout simplement vissés au mur au moyen de deux vis qui passent à travers le fond. Si l'on n'en met qu'une seule, ils risquent de basculer.

2 Commencer par positionner les tiroirs que l'on préfère, ceux qui ont le plus de caractère. Organiser les autres autour, en panachant les tailles. On peut y ajouter des cadres, des boîtes et des petits meubles de pharmacie.

3 Penser à ménager entre eux un écart suffisant pour que leur dessus puisse servir d'étagère également.

Si le tiroir est peu profond, on peut le fixer dans son sens d'origine, pour exposer des livres.

Un tiroir de caisse enregistreuse, déjà pourvu de casiers intérieurs.

Un petit tiroir vissé au fond d'un plus grand, pour multiplier les supports à bibelots.

Comment fabriquer un bar en palette

MATÉRIEL

- UNE PALETTE
- DES TASSEAUX
- DES PLANCHES
- DES ÉQUERRES
- DES VIS ET UNE VISSEUSE
- DES ANIMAUX EN PLASTIQUE
- DE LA COLLE FORTE
- UNE SCIE

1 Couper la palette à un tiers de sa longueur et assembler les deux pans en angles à l'aide d'équerres.

2 Visser des planchettes sous les traverses horizontales de façon à former des fonds : c'est dans ces tranchées que l'on glissera les bouteilles.

LE RECTO LISSE DE LA PALETTE SERT DE FAÇADE VISIBLE. CÔTÉ BARMAN, IL SUFFIT DE METTRE UN FOND AUX TRAVERSES, ET VOILÀ UN RANGEMENT POUR LES BOUTEILLES.

3 Fixer des planches au-dessus des palettes pour constituer le plan de travail, ainsi que sur les côtés (sur la photo, un assemblage de planches colorées).

4 Fixer des petits morceaux de tasseau scus le plan de travail : c'est là que l'on enfilera le pied des verres, à l'envers.

5 En bonus, pour combler l'espace entre les planches, coller à la colle forte une collection de petits animaux en plastique de toutes les couleurs..

Marrakesh
Elefantös
LE JEU DE L'ARÈRE
QUEST-CE?
QUARTO!
Gagne ton papa!
Dixit
TANGRAM
DOCTEUR MABOUL
LE MOT LE PLUS LONG
ZANIMATCH
KALEIDOS
One Red Dot
L'ASTRONAUTIQUE EN 3D
Le Magicien d'Oz
CYCLoDINO
le Livre de la jungle
martine

Comment créer
une chambre en plus dans une caravane

la caravane achetée (180 €)

LA BONNE NOUVELLE, C'EST QU'UNE VIEILLE PETITE CARAVANE D'OCCASION NE COÛTE PAS CHER DU TOUT. IL SUFFIT DONC DE LA CUSTOMISER POUR EN FAIRE UN BUREAU OU UNE CHAMBRE D'APPOINT AU JARDIN.

avant

après

MATÉRIEL

- UNE CARAVANE
- DES TISSUS VARIÉS (PAR EXEMPLE, MOLLETONNÉS)
- UN MORCEAU DE TOILE CIRÉE POUR LA PORTE
- DU PARQUET FLOTTANT
- DES BAGUETTES DE BOIS
- DES RUBANS
- DU DÉTERGENT, UNE BROSSE ET UNE GROSSE ÉPONGE
- DE LA PEINTURE D'ACCROCHAGE POUR LA SOUS-COUCHE
- DE LA PEINTURE D'EXTÉRIEUR DE QUALITÉ
- DES PINCEAUX ET DES ROULEAUX
- DE LA COLLE NÉOPRÈNE
- DES CISEAUX DE COUTURIÈRE ET UN CUTTER
- UNE PERCEUSE AVEC DES MÈCHES FINES POUR MÉTAL
- DES VIS FINES ET UN TOURNEVIS
- UNE SCIE POUR LES BAGUETTES
- UNE AGRAFEUSE MURALE

1 Récupérer ou acheter une petite caravane d'occasion (entre 150 et 300 €). La vider intégralement de ses équipements. Trouver l'emplacement idéal dans le jardin, et la caler avec des pierres ou des parpaings afin d'éviter qu'elle ne repose sur ses roues.

2 **Pour l'extérieur** : bien nettoyer avec un détergent à plastique, laisser sécher, puis passer une sous-couche d'accrochage un peu diluée. Elle n'a pas besoin d'être opaque, elle doit surtout être régulière, lisse, sans traces de pinceau. Passer ensuite deux couches de peinture.

3 Pour la porte, découper un morceau de toile cirée et la coller à la néoprène.

4 **Pour l'intérieur** : si les murs sont en contreplaqué, il suffit d'agrafer les morceaux de tissu en commençant par le haut. (La caravane en photo est faite hélas de plaques de polystyrène montées sur une armature de métal. C'est la configuration la plus compliquée : il a fallu repérer l'armature, en tracer les contours, la prépercer puis y visser les pans de tissu).

5 Masquer les jointures du patchwork ainsi que les bordures avec des baguettes de bois vissées.

6 Pour les rideaux, le plus simple est d'agrafer par le haut des pans de tissu que l'on maintient roulés dans la journée, horizontaux, avec des rubans, également agrafés.

7 Recouvrir le sol de parquet flottant (facile à assembler et à clouer), qui assure une belle finition et consolide.

8 Ajouter un sommier, calé sur les protections des roues, un matelas et un petit bureau.

La terrasse est faite de palettes aux interstices comblés par des tasseaux.

Idée déco : la chaise est recouverte d'un collage de cartes IGN.

INDEX

LAURE KIÉ & HARUNA KISHI

嬉しい日本暮らし

LA VIE JAPONAISE ILLUSTRÉE

ÉCRIT PAR LAURE KIÉ
ILLUSTRÉ PAR HARUNA KISHI

Laure Kié est autrice de livres de cuisine japonaise. Elle est née à Tokyo d'une mère japonaise et d'un père français. Ses nombreux séjours au Japon lui ont permis de s'initier à la richesse de la culture culinaire japonaise, qu'elle transmet dans ses ouvrages et ses cours de cuisine.

Haruna Kishi est autrice, réalisatrice et illustratrice japonaise. Elle écrit et réalise aussi des séries animées (*Miru Miru*).

MANGO
éditions

SOMMAIRE

おべんとう

花水連

鳥居

日本へようこそ！

BIENVENUE AU JAPON !

Le Japon est un pays mystérieux et fascinant. Bien qu'il soit moderne et high-tech, des traditions ancestrales y façonnent encore totalement la vie quotidienne. Ce livre illustre et fait découvrir les multiples facettes de cette culture pour permettre de mieux comprendre l'esprit particulier qui anime ce pays si étonnant.